U0051661

多蔬少油蒸鍋

一天一鍋！健康・美味！

岩崎啓子

笛藤出版

何謂蒸鍋料理…

「肉類也可以料理得這麼軟，而且還很多汁！？」

「蔬菜的滋味不但鮮美，又很甘甜！」

和一種前所未有的新味道相遇，等於揭開了一連串驚喜的序幕。

蒸鍋料理之所以美味，秘訣在於蒸比煮更能保留食材的鮮味和營養成分。

除了能享用大量營養價值不流失的甘甜蔬菜，連肉類和海鮮多餘的脂肪也能大幅降低，可謂健康百分百。準備起來也簡單得不得了，只要把食材切好就行了。更棒的是，不需要多少時間就能端上桌。上述幾點，就是蒸鍋料理最大的魅力。

蒸鍋的構造本身非常簡單。

下面的鍋子用來盛裝高湯，上面的蒸器（蒸籠或蒸盤）則是盛放食材的容器。首先利用高湯的蒸氣把食材蒸熟，再淋上醬料或加點蘸醬就可以開動了。

蒸熟後，滴滴精純的肉汁和蔬菜湯汁融合成難以言喻的絕美滋味；這股滋味，正是蒸鍋料理的「醍醐味」。最後，不論加點麵條或白飯，保證叫人心滿意足、意猶未盡。

材料不拘，任何食材通通歡迎。想吃什麼，就放什麼吧。蘸醬和最後加入的飯或麵也可以任意搭配。本書在每道料理都會附上「誠心推薦」的蘸醬和最後壓軸好料的飯、麵；當然，大家可發揮創意自由變換。

猜得沒錯吧，各位讀者，你們是不是開始也想來一鍋了呢？

蒸鍋料理的作法

❶把高湯倒進鍋內。

❷把蒸盤放入鍋內，點火加熱。

※如果湯頭加了昆布，請等到高湯沸騰後，先撈出昆布再放入蒸盤。

※若使用耐熱容器，請把高湯也倒進容器。

另外，如果要加固體高湯塊，請等到高湯塊完全溶解後再放入容器。加熱後的高湯很燙，請小心不要燙傷！

❸高湯煮滾後，把切好的食材放入容器。

❹蓋上鍋蓋，調整到讓蒸氣足以冒出的火候。

※受熱時間不同的食材，必須分次放入鍋內。

❺請以蘸醬或淋醬（p.24～32）搭配蒸熟的食材享用。

❻把最後收尾的材料（p.33）放進湯裡，享用蒸鍋料理的精華。

蒸鍋的構造 —鍋子的妙用法—

「需要準備專用的鍋子嗎？」不用、不用～不必擔心這個問題。只要利用手邊現有的鍋子就OK！

本書依照鍋子＆蒸器的種類分爲「第一章．現有的鍋子」「第二章．蒸籠」「第三章．專用蒸鍋」「第四章．蒸煮鍋」。一～三章靠蒸氣把食材蒸熟，所以需要蒸籠或蒸盤。第四章介紹的是先讓食材裹上醬料再蒸煮的調理方式，不需要蒸盤。

第三章的「專用蒸鍋」應該不必特別說明吧。最重要的是第一章的「現有的鍋子」。第二章的「蒸籠」中，放在下面使用的鍋子，也是用家中現有的鍋子就OK了。

放在下面盛裝湯頭的鍋子種類不拘，有什麼就用什麼。重點是放在鍋子上面的蒸器（蒸盤）。這次出現在本書的有不鏽鋼材質的伸縮式蒸盤、大小可任意調整的落蓋、竹篩等。

蒸器必須和鍋底保持4～6cm的高度，才能讓鍋裡的湯即使沸騰，也不會接觸蒸器。而且盛好食材後也可蓋緊鍋蓋。如果用的是筒狀型鍋具，很難穩定地固定住蒸盤。

這時，只要先在鍋底放個耐熱容器，就不必擔心蒸盤會東倒西歪了。

另外，無論是什麼種類的鍋子，一律少不了鍋蓋。蒸鍋料理的原理是以通過蒸器的蒸氣接觸鍋蓋，利用上下對流的蒸氣把食材蒸熟。

「現有的鍋具」照片中的雙耳砂鍋和琺瑯生鐵鍋，各放了不鏽鋼鋼蒸盤、落蓋、竹篩。

「蒸籠」

照片中的是放在鋁鍋上的蒸籠。如果把鍋子換成中華鍋、砂鍋等其他鍋具也沒問題，只要有蒸籠就OK了。

「蒸煮鍋」

不需要安裝蒸盤的「蒸煮鍋」。照片中的鍋具是摩洛哥塔吉鍋（Tajine）。除了普通鍋具，平底鍋、壽喜燒用的鐵鍋等也適用。

「專用蒸鍋」

最常見的是兩段式的不鏽鋼材質，照片中的是搭配了陶瓷蒸盤的砂鍋。

本書的通則

- 本書用的高湯以柴魚和昆布熬煮而成。若改用市售的和風高湯粉也無妨。
- 蘸醬和醬料的材料（P.24-P.32），都是單次容易製作的份量。
- 每一鍋的材料都是4人份。不過，照片中的示範不一定僅限4人份。

計量

1 大匙 =15ml　1 小匙 =5ml
1 杯 =200ml　ml = cc

目次

何謂蒸鍋料理……2～3
蒸鍋的構造……4
本書的通則……4

【第一章】
以現有的鍋子當作蒸鍋

豬肉豆芽菜……7
蔬菜鍋……8
南洋風海鮮丸子鍋……10
香草蒸雞肉……11
分蔥鯽魚蒸……12
海瓜子……14
蒸餛飩……15
金針菇牛肉捲……16
豬肉＆菠菜的常夜鍋……17
春季蔬菜鍋……18
雞肉丸子佐秋季蔬菜……20
冬季蔬菜火鍋湯……21
蒲燒鰻魚佐夏季蔬菜……22

【第二章】
蒸籠變蒸鍋

香菇燒賣＆中華蔬菜……35
雞翅膀＆綠色蔬菜……36
白菜蒸豬五花肉片……38
鯛魚蕪菁鍋……39
螃蟹白蘿蔔白菜鍋……40
鱈魚蔬菜豆腐鍋……41
鮟鱇魚＆根莖類蔬菜石狩鍋……42

【第三章】
用專用蒸鍋蒸美味

蒸餃鍋……45
金目鯛佐長蔥……46
蒸豆腐……48
牡蠣昆布蒸……49
蒸涮涮鍋……50
鮭魚豆腐蒸……51
烏龍茶蒸雞肉＆鮮蝦……52

【第四章】
先裹上香濃醬料的蒸煮鍋

咖哩蒸煮鍋……55
法式馬賽魚湯蒸煮鍋……56
蕃茄蒸煮鍋……58
義式鯷魚熱蘸醬蒸煮鍋……59
摩洛哥式蒸煮鍋……60
四川辣味蒸煮鍋……62
韓式烤肉蒸煮鍋……63

【蘸醬與淋醬】

手工酸橘醋……24
梅汁酸橘醋……24
薑汁酸橘醋……24
中華口味酸橘醋……24
海苔酸橘醋……25
蕃茄酸橘醋……25
柚子胡椒酸橘醋……25
納豆酸橘醋……25
咖哩鹽……26
山椒鹽……26
鹽味蘸醬……26
蔥花鹽味蘸醬……26
和風香味鹽……26
柚子鹽……26
韭菜醬油……27
梅汁芥末蘸醬……27
辣椒醋醬油……27
白蘿蔔泥酸橘醋……27
味噌蘸醬……28
絞肉味噌……28
豆漿味噌蘸醬……28
柚子味噌……28
南洋風花生蘸醬……29
檸檬醬油……29
南洋風蘸醬……29
蒜味醬油……29
洋蔥調味醬……30
油蒜美乃滋……30
香草鹽……30
鯷魚美乃滋……30
美乃滋咖哩酸橘醋……30
芝麻蘸醬……31
韓式辣醬味噌……31
中華芝麻蘸醬……31
烤肉醬……32
芥末醬……32
千島醬……32
奶油起司醬……32

令人期待的壓軸好料……33

【第一章】以現有的鍋子當作蒸鍋

就算有點貪心，這個想放，那個也想加也沒關係。
也不必煩惱食材會不會多到讓鍋蓋無法完全蓋緊，
因為加熱一段時間以後，鍋蓋就會閉起來了。
隨著蒸氣的熱度，食材的體積會逐漸縮小，
美味也不斷濃縮。
等到鍋蓋完全閉合，代表一鍋好菜也即將完成。

鍋子·盤子／花田

豬肉豆芽菜

材料雖然簡單，卻能將食材的滋味發揮得淋漓盡致。
開動前撒點黑胡椒，
就是符合成人喜好的成熟風味了。

材料（4人分）
豆芽菜—2袋
涮涮鍋專用豬肉片——400g
黑胡椒——少量
【湯頭】
米酒——3大匙
水——3杯
【醬料】
美乃滋酸橘醋（作法在p.30）
【收尾】
熟烏龍麵——2球

作法
❶摘掉豆芽菜的鬚根。
❷把湯頭的材料倒進鍋內。放入不鏽鋼蒸盤後，點火加熱。等湯滾了以後，鋪上全部的豆芽菜，再放上攤開的豬肉片。撒上黑胡椒，蓋上鍋蓋，以足夠冒出蒸氣的火候蒸8～9分鐘。
【收尾】用熱水淋熟烏龍麵，使麵條散開。再放進鍋裡稍微煮一下即可。

蔬菜鍋

匯集了各種五顏六色的蔬菜，有點像是熟食沙拉盤的感覺。
最後以蕃茄醬口味的義大利麵搭配充滿蔬菜精華的湯頭。

材料（4人分）
高麗菜—4片
地瓜—1小條
洋蔥—1個
紅椒—1個
西洋芹—1根
四季豆—60g
火腿（厚片）—2片
【湯頭】
高湯塊—1個
水—3杯
【蘸醬】
洋蔥調味醬（作法在p.30）
【收尾】
天使細麵—200g
蕃茄罐頭（切片）— ½ 罐
鹽．胡椒—各少量
橄欖油—1大匙

作法
❶把高麗菜任意切成大塊，地瓜切成圓形薄片，洋蔥切成細絲。紅椒切成隨意大小，西洋芹切成粗條，四季豆切掉蒂頭，火腿切成一口大小。
❷把湯頭的材料倒進鍋內。放入蒸盤後，點火加熱。等湯滾了以後，加入高麗菜、地瓜、洋蔥和甜椒，蓋上鍋蓋。以足夠冒出蒸氣的火候蒸15分鐘。接著加入西洋芹、四季豆、火腿，續蒸3～4分鐘。
【收尾】湯頭滾了以後，倒入蕃茄罐頭，等到再次沸騰，加入折成兩半的天使細麵。煮麵時，記得不時翻攪。加點鹽和胡椒調味，最後倒入橄欖油攪拌均勻。

湯頭
蒸熟這些可當作沙拉的蔬菜時，建議使用高湯塊。一般市售的高湯塊就可以了，這樣也大幅縮短了調理時間。

壓軸好料
雖然僅僅只加了半罐蕃茄罐頭，湯頭卻變得香醇濃郁，滋味鮮美。喜歡的話，也可以加點起士粉和羅勒，味道很棒喔。

南洋風海鮮丸子鍋

蝦子和干貝兩種海鮮丸子，讓人一下箸就停不了。
新鮮彈牙的丸子，搭配輕脆爽口的蔬菜，讓口感得到雙重滿足。

材料（4人分）
蝦子——4尾
干貝——2顆
A
- 白肉魚切片——300g
- 米酒——½大匙
- 魚露——1小匙
- 現榨薑汁——1小匙
- 胡椒——少量
- 蛋白——½個份
- 太白粉——1大匙

青江菜——2支
山苦瓜——¼條
西洋芹（菜梗）——1袋
豆芽菜——1袋
長蔥——1支

【湯頭】
中華料理口味的高湯粉——½小匙
薑片（薄片）——½塊
長蔥（蔥綠）——5cm
米酒——3大匙
水——3杯

【蘸醬】
南洋風蘸醬（作法在p.29）

【收尾】
越南河粉——200g
魚露、胡椒——各少量

作法
❶挑出蝦子的腸泥，把蝦肉和干貝分別剁細。
❷混合A所有的材料，攪拌均勻。分成兩份，分別混入①的蝦肉和干貝。
❸摘掉青江菜的菜葉後，把菜梗斜切成段；苦瓜去籽後，切成厚度約1cm的半月形薄片；把西洋芹的菜梗切成4cm小段；豆芽菜去掉鬚根，長蔥切成斜片。
❹把湯頭的材料倒進鍋內。放入蒸盤後，點火加熱。煮至沸騰後，鋪上青江菜的菜梗、豆芽菜、長蔥，再把②捏成團狀放入，最後蓋上鍋蓋，以足夠讓蒸氣冒出的火候蒸10分鐘。接著加入青江菜的菜葉、苦瓜、西洋芹，續蒸5分鐘左右。
【收尾】把越南河粉氽燙至熟。在湯裡加點魚露、胡椒調味，再放入河粉煮到滾。

單手鍋／花田

材料（4人分）
雞腿肉——2片
鹽——⅓小匙
胡椒——少量
小洋蔥——8個
高麗菜——4片
杏鮑菇——2朵
西洋芹——1支
蘆筍——1束
小蕃茄——8顆
培根——2片
百里香・迷迭香——各少量
【湯頭】
高湯塊——1個
大蒜（拍扁）——1瓣
水——3杯
【醬料】
蕃茄酸橘醋（作法在p.25）、
咖哩鹽（作法在p.26）
【收尾】
通心粉——150g
鹽・胡椒（可加可不加）
——各適量

作法
❶把雞肉切成一口大小，撒上胡椒和鹽。把小洋蔥浸泡在溫水後，剝皮，對半切成兩半。高麗菜切成大塊；把杏鮑菇的菇梗切成圓片，菌傘縱切成4～6等分。西洋芹削筋後，隨意切成小塊；蘆筍切除堅硬的部分和根部的老皮後，切成3等分。小蕃茄去蒂，培根對半切成兩半。
❷把湯頭的材料倒進鍋內。放入蒸盤後，點火加熱。煮至沸騰後，放入雞肉、小洋蔥、高麗菜、杏鮑菇、西洋芹、培根、百里香、迷迭香，蓋上鍋蓋，以足夠讓蒸氣冒出的火候蒸15分鐘。接著加入蘆筍和小蕃茄，續蒸5分鐘。
【收尾】先氽燙義大利麵。再依照個人喜好在湯裡加點鹽和胡椒，再放入剛才以燙過的義大利麵煮到滾。

香草蒸雞肉

用蒸鍋的方式料理雞肉，肉質竟變得出乎意料的多汁美味。
在餐桌上掀起鍋蓋後，撲鼻而來的是一股清香迷人的香草味。

鍋／花田

分蔥鯽魚蒸

如果買到當季的新鮮鯽魚，鮮美的程度自然更勝一籌。
買不到分蔥的話，改用青蔥也可以。搭配梅汁酸橘醋享用，滋味絕佳。

材料（4人分）
鯽魚——4片
鹽——½小匙
米酒——2小匙
分蔥——1把
白菜——4片
白蘿蔔——400g
【湯頭】
昆布——5cm×15cm
薑片（薄片）——1塊
水——3杯
米酒——¼杯
【醬料】
梅汁酸橘醋（作法在p.24）
【收尾】
熟烏龍麵——2球

作法
❶把鯽魚片成薄片，用鹽和米酒醃10分鐘。
❷把分蔥斜切成段，白菜任意切成大塊，白蘿蔔切成粗絲。
❸把昆布和水倒進鍋內後，點火加熱。煮至沸騰後，取出昆布。接著加入米酒，放入蒸盤，點火加熱。煮滾後，放進白菜、白蘿蔔、鯽魚、蔥段，蓋上鍋蓋。用可以讓蒸氣冒出的火候蒸10分鐘。
【收尾】用熱水淋在烏龍麵，使麵條散開。再放進鍋裡稍微煮一下即可。

湯頭
湯頭加了大量的昆布，滋味香醇濃郁。為了避免昆布的澀味釋放在湯裡，一旦煮滾了就要撈起來。但最後如果不放麵條等，可以讓昆布一直留在鍋內無妨。

壓軸好料
如果蔥還有剩，不妨撒點在麵條上。蘸點梅汁酸橘醋就可以大快朵頤。

海瓜子

只要吃一口就明白了。這是一道靠食材本身決定好壞的簡單鍋品。
搭配中華口味的鹽味蘸醬，吃起來非常對味。

材料（4人分）
海瓜子——400g
白菜——8片
長蔥——1支
【湯頭】
高湯——3杯
米酒——¼杯
【蘸醬】
鹽味蘸醬（作法在p.26）
【收尾】
白飯——2碗
鹽——少許

作法
❶把海瓜子的外殼仔細清洗乾淨，白菜切成棒狀，長蔥斜切成段。
❷把湯頭的材料倒進鍋內。放好蒸盤，加熱煮至沸騰。沸騰後，放入①的材料，用足以讓蒸氣冒出的火候蒸15分鐘。
【收尾】等湯頭煮滾後，放入白飯，加鹽調味。

蒸餛飩

餛飩如果改用蒸的，吃起來依舊美味。大呼過癮的感覺，讓人吃了還想再吃。
喜歡餛飩的話，記得多準備點配料！

材料（4人分）
餛飩皮——1袋（24片）
豬絞肉——200g
A
- 薑汁——½小匙
- 米酒・醬油——各1小匙
- 麻油——1小匙
- 鹽・胡椒—各少量
- 長蔥（蔥花）——2大匙

白菜——4片
長蔥——1支
紅蘿蔔——½條
鴻喜菇——1袋
【湯頭】
中華高湯粉——1小匙
米酒—3大匙
水——3杯
【蘸醬】
辣椒酸橘醋（作法在p.27）
【收尾】
白飯——2碗
鹽・醬油——各少許

作法
❶把絞肉和A倒進碗內，攪拌均勻。
❷把水沾在餛飩皮的邊緣，用每一張皮包住分成24等分的①。
❸把白菜切成小塊，長蔥和紅蘿蔔切成4cm長的薄片；鴻喜菇切除底部基座後，分成小朵。
❹把湯頭的材料倒進鍋內。放好蒸盤，點火加熱。煮至沸騰以後，先鋪上白菜、排好餛飩，再加入長蔥、紅蘿蔔、鴻喜菇。最後蓋上鍋蓋，以足夠冒出蒸氣的火候蒸15分鐘。
【收尾】等湯頭沸騰，放入白飯，加點鹽和醬油調味。

金針菇牛肉捲

如果想吃得豐盛點，就選用上等的牛肉。
水芹微苦的滋味，為料理取得完美的平衡。

材料（4人分）
牛肉薄片——300g
鹽．胡椒——各少量
金針菇——1袋
水芹(cresson)——2把
高麗菜——6片
長蔥——1支
豆芽菜——1袋
鴻喜菇——1盒
【湯頭】
昆布—5cm×10cm
水——3杯
米酒—3大匙
【蘸醬】
手工製酸橘醋（作法在p.24）、
韭菜醬油（作法在p.27）
【收尾】熟蕎麥麵——2球

作法
❶用鹽和胡椒醃牛肉。切除金針菇的根部。
❷依照牛肉的片數，把等量的牛肉片捲起金針菇，切成3cm長。
❸把水芹切成4cm長，高麗菜切成大塊，長蔥切成1cm寬的小段。豆芽菜去掉鬚根；切掉鴻喜菇的底座後，分成小株。
❹把昆布和水倒進鍋內，點火加熱。沸騰後，撈出昆布。加入米酒，並放好蒸盤，再加入高麗菜、豆芽菜、鴻喜菇、②和長蔥，蓋上鍋蓋。以足夠讓蒸氣冒出的火候蒸8～10分鐘。蒸好後，加入水芹，再稍微蒸一下。
【收尾】用熱水淋在蕎麥麵，使麵條散開。再放進鍋裡稍微煮一下即可。

鍋／花田

豬肉&菠菜的常夜鍋

常夜鍋這個特殊名稱的由來是「即使每天吃也不會膩」。
這種清爽迷人的滋味，
即使做成蒸鍋，依舊美味。

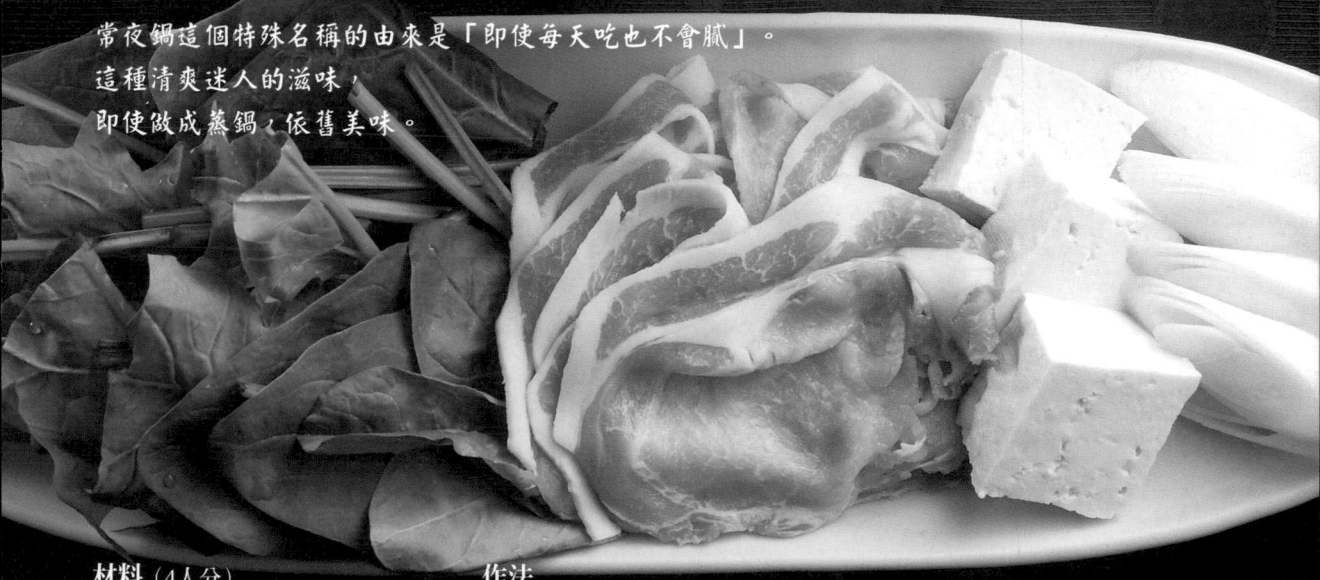

材料（4人分）

涮涮鍋用的豬肉薄片——400g
菠菜——1把
高麗菜——6片
長蔥——2支
豆芽菜——1袋
豆腐——½塊
【湯頭】
大蒜——1瓣
昆布——5cm×10cm
米酒——3大匙
水——3杯
【蘸醬】
海苔酸橘醋（作法在p.25）
【收尾】
熟烏龍麵——2球

作法

❶把菠菜切成4cm長，高麗菜切成大塊，長蔥斜切成段，豆腐切成4塊。

❷把拍扁的大蒜、昆布、水倒進鍋內，點火加熱。沸騰後撈出昆布。接著加入米酒，並放好蒸盤。煮滾後，放入高麗菜、長蔥、豆腐、豬肉片、菠菜。蓋上鍋蓋，以足夠讓蒸氣冒出的火候蒸5分鐘。

【收尾】用熱水淋在烏龍麵，使麵條散開。再放進鍋裡稍微煮一下即可。

橢圓長皿／花田

春季蔬菜鍋

色彩繽紛的各種春季蔬菜，光看就覺得賞心悅目。
最後畫下完美句點的雞肉黃金稀飯，也叫人垂涎不已。

材料（4人分）
高麗菜——6片
馬鈴薯——2顆
洋蔥——1個
紅蘿蔔——½根
海帶芽（泡開）——100g
土當歸——200g
油菜花——8支
迷你蘆筍——1袋
【湯頭】
雞翅膀——4支
薑片——3片薄片
昆布——5cm×10cm
米酒——3大匙
水——3杯
【蘸醬】
和風香味鹽（作法在p.26）、
芝麻蘸醬（作法在p.31）
【收尾】
白飯—2碗
蛋——2個
鹽．醬油——各少量

作法
❶把高麗菜切成大塊；馬鈴薯切成薄圓片後，泡水。洋蔥切成半月形；紅蘿蔔先切成3cm長，再縱切成薄片。海帶芽切成一口大小。把土當歸切成片狀，浸泡在醋水裡。切除油菜花堅硬的部分。
❷把雞翅膀、薑片、昆布、水倒進鍋內，點火加熱。沸騰後，撈出昆布。倒進米酒，放入蒸盤。煮滾後，加入高麗菜、馬鈴薯、紅蘿蔔，蓋上鍋蓋，以足夠讓蒸氣冒出的火候蒸10分鐘。接著放入海帶芽、土當歸、油菜花、籃筍，續蒸3分鐘。
【收尾】撈出湯裡的雞翅膀和薑片。撕開雞翅膀的肉，放回鍋內。加入白飯，撒入適量的鹽和醬油，煮到滾。最後以繞圈的方式加入打散的蛋，攪拌均勻。

壓軸好料
把蛋汁慢慢地倒進鍋內，用湯杓略為攪拌。如果想品嚐雞肉濃郁的滋味，鹽和醬油記得少放一些，不夠再加。

雞肉丸子佐秋季蔬菜

備受歡迎的雞肉丸子，搭配嚼感十足的秋季蔬菜。
把雞肉丸子放進鍋內時，要保留適當的間隔，以免互相沾黏。

材料（4人分）

雞絞肉——400g

A
- 薑汁——½小匙
- 米酒——1小匙
- 鹽——⅓小匙
- 胡椒——少量
- 蔥花——3大匙
- 蛋汁——½個

蔥花——10g
蓮藕——½節
里芋——4個
牛蒡——½條
白菜——4片
香菇——4朵
平茸——1袋
菠菜——1把

【湯頭】
昆布——5cm×8cm
水——3杯
米酒——2大匙

【蘸醬】
柚子胡椒酸橘醋
（作法在p.25）

【收尾】
熟烏龍麵——2球

作法

❶把絞肉和A裝進碗內，仔細攪拌至產生黏性。加入蔥花，以大力切下的方式攪勻。

❷把蓮藕切成圓片。里芋洗淨後，用保鮮膜包起來，以微波爐（600W）加熱4分鐘。削皮後，隨意切成適當的大小。把牛蒡刨絲，浸泡在水裡。白菜切成片狀；香菇去掉底部後，對半切成兩半。切除平茸的底座，把菠菜切成4cm長。

❸把昆布和水倒進鍋內，點火加熱。沸騰後，撈出昆布。倒入米酒，並放進蒸盤。煮滾後，鋪上白菜，再放入捏成一口大小的①。放入菠菜以外的其他蔬菜，蓋上鍋蓋，以足夠讓蒸氣冒出的火候蒸10分鐘。蒸好後，加入菠菜，再稍微蒸一下。

【收尾】用熱水淋在烏龍麵，使麵條散開。再放進鍋裡稍微煮一下即可。

皿／花田

冬季蔬菜火鍋湯

該有的火鍋料可說一應俱全。
蘸醬是加了起士和芥末的重口味，滋味濃郁迷人。

材料（4人分）
臘腸——4～8條
法蘭克香腸——4條
培根（成塊）——80g
捲心白菜
（或高麗菜）——¼顆
蕪菁——2個
紅蘿蔔——½根
馬鈴薯——2個
洋蔥——1個
花椰菜——¼個
【湯頭】
高湯塊——1個
水——3杯

【蘸醬】
奶油起司蘸醬（作法在p.32）、
芥末蘸醬（作法在p.32）
【收尾】
白飯——2碗
鹽．胡椒——各少量

作法

❶把培根切成4等分。高麗菜對半切成兩半，蕪菁削皮後切絲，紅蘿蔔切成圓片。馬鈴薯切成一口大小，洋蔥切成半月形，花椰菜分成小束。

❷把湯頭的材料倒進鍋內。放好蒸盤後，加熱至沸騰。沸騰後，加入高麗菜、紅蘿蔔、馬鈴薯、蕪菁、洋蔥、花椰菜和培根，蓋上鍋蓋，以足夠讓蒸氣冒出的火候蒸15分鐘。接著加入臘腸和法蘭克香腸，續蒸5分鐘。

【收尾】湯頭煮滾後，加入白飯，再以鹽和胡椒調味。

蒲燒鰻魚佐夏季蔬菜

即使用的只是市售的蒲燒鰻魚，蒸過以後，肉質也會變得更加鮮嫩。
想在慵懶的夏日裡增添點活力時，這道鍋品無疑是最佳選擇。

材料（4人分）
蒲燒鰻魚（市售品）——2片
米酒——2小匙
高麗菜——4片
韭菜——1把
茄子——2個
南瓜——200g
長蔥——1支
秋葵——8支
【湯頭】
中華高湯粉——½小匙
水——3杯
米酒——3大匙
長蔥（蔥綠）——1支
薑片——薄片4片
【蘸醬】
薑汁酸橘醋（作法在p.24）、
山椒鹽（作法在p.26）
【收尾】
麵線——3把

作法
❶把鰻魚切成3cm寬，用酒醃起來。
❷把高麗菜切成大塊，韭菜切成4cm長；茄子切成圓片後，浸泡在水裡。南瓜切成¼ 圓形的薄片，長蔥斜切成段；秋葵切掉蒂頭後，用鹽水搓洗乾淨。
❸把湯頭的材料放進鍋內。放好蒸盤後，加熱至沸騰。接著放入高麗菜、茄子、南瓜和長蔥，蓋上鍋蓋，以足夠讓蒸氣冒出的火候蒸10分鐘。加入鰻魚、韭菜、秋葵，續蒸5分鐘。
【收尾】用沸水將麵線略為清洗。撈出湯內的長蔥和薑片，放入麵線煮一下即可。

壓軸好料
以夏季蔬菜為主角的鍋品，當然要搭配夏天常吃的麵線。喜歡的話，也可以加點辣椒片和長蔥等佐料。

鍋／花田

手工酸橘醋

【材料】醬油1杯　味醂2大匙　米酒2大匙
昆布5cm塊　柴魚片1袋（4g）
酸橘榨汁½杯　柚子榨汁1顆份　醋3大匙
【作法】把醬油、味醂、酒和昆布倒進鍋內，煮滾後，加入柴魚片再次煮到沸騰。濾掉雜質後，加入酸橘、柚子榨汁和醋，攪拌均勻。
＊以冷藏保存可存放4個星期。

梅汁酸橘醋

【材料】梅干1個　味醂½大匙
手工酸橘醋½杯
【作法】把剁細的梅干溶於味醂，再倒進酸橘醋攪拌均勻。

薑汁酸橘醋

【材料】薑泥½大匙
手工酸橘醋½杯
【作法】把薑泥和酸橘醋混合，攪拌均勻即可。

中華口味酸橘醋

【材料】醬油½杯　醋1大匙　黑醋½大匙
砂糖½小匙　麻油1小匙
長蔥（蔥花）1小匙　辣椒（切成圓片）½根分
【作法】混合所有的材料，攪拌均勻。

海苔酸橘醋

【材料】海苔¼片　手工酸橘醋½杯
炒過的芝麻1小匙
【作法】把撕碎的海苔倒進酸橘醋，讓海苔溶解其中。加入用手指擰碎的芝麻，攪拌均勻。

蕃茄酸橘醋

【材料】蕃茄1個　薄鹽醬油1大匙
醋1大匙　鹽¼小匙　黑胡椒少量
【作法】混合連皮磨成泥的蕃茄、薄鹽醬油、醋、鹽、黑胡椒，攪拌均勻。

柚子胡椒酸橘醋

【材料】柚子胡椒¼小匙　手工酸橘醋½杯
【作法】把材料混合在一起，攪拌均勻。

納豆酸橘醋

【材料】納豆1盒　手工酸橘醋½杯
【作法】混合剁成粗粒的納豆和酸橘醋，攪拌均勻。

咖哩鹽

【材料】咖哩粉⅙小匙
鹽2小匙
【作法】把材料倒在一起，攪拌均勻。

鹽味蕪醬

【材料】水½杯　中華高湯粉½小匙　米酒2大匙　鹽1小匙
麻油1大匙　胡椒少量
【作法】把水、高湯粉、酒和鹽倒進鍋內煮沸，再加入麻油和胡椒拌勻。

山椒鹽

【材料】山椒粉⅛小匙
鹽2小匙
【作法】混合材料，攪拌均勻。

和風香味鹽

【材料】磨碎的芝麻1小匙
紫蘇拌飯料½小匙
青海苔粉¼小匙
鹽2小匙
【作法】把材料倒在一起，攪拌均勻。

蔥花鹽味蕪醬

【材料】長蔥½支
薄切薑片2片
山椒粉少許　鹽½小匙
麻油1大匙
【作法】把長蔥和薑片切成末，混合其他材料攪拌均勻。

柚子鹽

【材料】柚子皮（切末）1小匙
鹽2小匙
【作法】把柚子皮的黃色部分削成末，和鹽攪拌均勻。

韭菜醬油

【材料】韭菜30g　醬油½杯
醋1大匙　砂糖½小匙　麻油1小匙
磨碎的芝麻2小匙　辣椒粉少量
【作法】把韭菜剁碎後，混入其他材料攪拌均勻。

梅子芥末蘸醬

【材料】梅干2個　味醂1大匙
薄鹽醬油1大匙　芥末膏½小匙
高湯2大匙　醋1大匙
【作法】把剁細的梅干混入其他材料，攪拌均勻。

辣椒醋醬油

【材料】辣椒醬1小匙　醋1大匙
醬油4大匙
【作法】把辣椒醬溶解於醋裡，再加入醬油攪拌均勻。

白蘿蔔泥酸橘醋

【材料】白蘿蔔泥1杯　辣椒½條
手工酸橘白醋½杯
【作法】把辣椒切成圓片，瀝乾蘿蔔泥的水分。再把兩者倒進酸橘醋裡拌勻。

味噌蘸醬

【材料】味噌6大匙
醬油1大匙半　砂糖1大匙半
米酒1大匙半　高湯3大匙
醋2小匙
【作法】把所有的材料倒進鍋內攪拌均勻後，加熱至濃稠狀即可。

絞肉味噌

【材料】雞絞肉100g
麻油2小匙　薑汁½小匙
味噌100g　米酒3大匙
砂糖2大匙　醬油2大匙
【作法】把麻油倒進平底鍋熱過，放入雞絞肉炒至鬆軟，再倒入薑汁，攪拌均勻。接著加入剩下的所有材料，攪拌至融爲一體。

豆漿味噌蘸醬

【材料】味噌3大匙
豆漿（原味無糖）¾杯
磨碎的芝麻½大匙
【作法】把味噌加入豆漿，邊加邊攪拌。接著倒入芝麻，攪拌均勻。

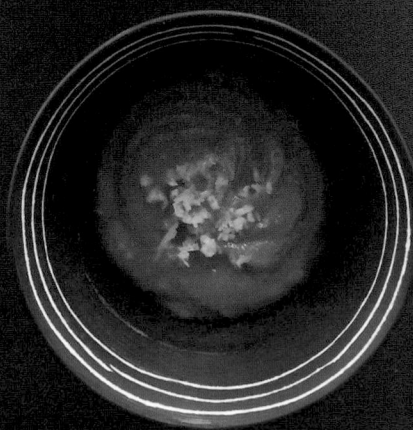

柚子味噌

【材料】味噌蘸醬的基本份量
柚子皮（磨成泥）少量
柚子榨汁1大匙
【作法】把柚子皮和榨汁倒進基本份量的味噌蘸醬，攪拌均勻即可。

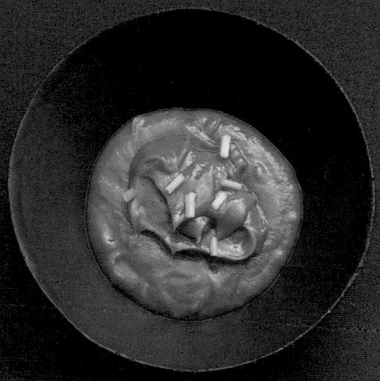

南洋風花生蘸醬

【材料】花生醬4大匙
醬油3大匙　醋1大匙
魚露1大匙　砂糖1大匙
辣椒（切圓片）1根
香菜梗（切末）1根
【作法】把調味料加進花生醬，攪拌至合而爲一。接著加入辣椒和香菜拌勻。

檸檬醬油

【材料】檸檬榨汁¼杯
檸檬皮（切末）少量
薄鹽醬油½杯　味醂2大匙
【作法】以微波爐（600W）加熱味醂10秒鐘，使酒精蒸發。和醬油、檸檬汁混合，再混入檸檬皮攪拌均勻。

南洋風蘸醬

【材料】魚露2大匙
檸檬榨汁4大匙　砂糖1大匙
麻油1大匙
大蒜（切末）¼瓣
水2大匙
辣椒1條　香菜梗1支
【作法】把辣椒切成圓片，剁碎香菜梗。混入其他材料拌勻。

蒜味醬油

【材料】大蒜1瓣
麻油2小匙
醬油½杯
醋1大匙　砂糖½小匙
【作法】把麻油倒進平底鍋熱過，爆香切成末的大蒜。加入醬油、醋、砂糖攪拌均勻。

洋蔥調味醬

【材料】醋3大匙　法國芥末醬½小匙
洋蔥（磨成泥）1大匙　橄欖油½杯
鹽½小匙　胡椒
【作法】把法國芥末醬溶於醋，再和其他材料混合。

香草鹽

【材料】鹽1大匙　荷蘭芹碎屑½小匙
奧勒岡½小匙　百里香少量　羅勒¼小匙
黑胡椒少量　辣椒粉少量　檸檬皮（磨成泥）少量
＊上述香草類請使用乾燥後的粉末。
【作法】混合所有的材料即可。

油蒜美乃滋

【材料】美乃滋½杯　橄欖油1大匙
大蒜（磨成泥）½瓣
鹽．胡椒各少量　鮮奶油1大匙
【作法】混合所有的材料即可。

鯷魚美乃滋

【材料】美乃滋½杯
橄欖油2大匙　鯷魚2片
大蒜少量　鹽．胡椒各少量
【作法】把剁細的鯷魚末和蒜末混入其他材料拌勻。

美乃滋咖哩酸橘醋

【材料】美乃滋½杯　手工酸橘醋3大匙
咖哩粉½小匙　洋蔥（磨成泥）1小匙
【作法】混合所有的材料即可。

韓式辣醬味噌

【材料】味噌100g
韓式辣醬1大匙
砂糖½大匙　麻油2小匙
辣椒粉少量
大蒜（切成末）少許
【作法】混合所有的材料即可。

芝麻蘸醬

【材料】芝麻醬3大匙
砂糖1大匙　醬油5大匙
醋1大匙　麻油½大匙
【作法】把砂糖加入芝麻醬拌勻，再分次倒入醬油攪拌均勻。接著加入醋、麻油攪拌均勻。

中華芝麻蘸醬

【材料】芝麻醬3大匙
砂糖1大匙
醬油4大匙　醋1大匙
麻油1大匙
豆瓣醬¼小匙
大蒜（切末）½瓣
長蔥（蔥花）1大匙
薑（切末）½小匙
山椒粉少許
【作法】方法和芝麻蘸醬相同，只要把其他材料混入芝麻醬拌勻即可。

烤肉醬

【材料】蕃茄醬½杯　蠔油3大匙
醬油1大匙　洋蔥（磨成泥）3大匙
大蒜（磨成泥）¼小匙
橄欖油½大匙　辣椒醬¼小匙
【作法】把材料放進鍋內攪拌。
加熱時持續攪拌，直到沸騰。

芥末醬

【材料】芥末粒3大匙
醬油3大匙　橄欖油½大匙
【作法】混合所有的材料即可。

千島醬

【材料】美乃滋½杯
蕃茄醬2大匙　醬油1大匙
【作法】將所有的材料混合，
攪拌均勻即可。

奶油起司醬

【材料】牛奶1杯　奶油2大匙　麵粉1大匙
披薩用起司50g　鹽．胡椒各少量
【作法】熱鍋融化奶油，放入麵粉以小火拌炒，小心不要燒焦。炒的時候加點牛奶以增加稠度，直到沸騰。接著放入起司，融化後，加點鹽和胡椒拌勻。

令人期待的壓軸好料

猶豫該選什麼當作最後的Ending，是一種奢侈的煩惱。凝縮了美味菁華的飯麵粥類，能把肚子填得飽飽的，充滿誘人的魅力。

年糕

年糕要先烤過。除了常見的日本年糕，也很推薦條狀的韓國年糕。相較於用糯米製成的日本年糕，韓國年糕是粳米做的，優點是不容易煮到糊掉。

白飯

當作最後壓軸的話，把飯煮得硬一點比較好吃。熱飯可以直接放進鍋裡；冷掉的飯，先迅速水洗過再下鍋。如果用的是冷凍過的飯，記得一定要先解凍再放。除了稀飯或鹹粥，料理成湯泡飯也是很棒的選擇。

烏龍麵、蕎麥麵、麵線

如果選擇烏龍麵和蕎麥麵，購買熟麵條包比較方便。因爲調理起來很容易，只要把麵條盛放在竹簍等容器，淋上熱水後，再用筷子撥開來就可以下鍋了。不先用熱水燙過直接下鍋也行，但如果能事先沖掉麵條上的黏液，並把麵條撥開，可以縮短下鍋調理的時間。選擇乾的麵線、烏龍麵或蕎麥麵時，先以大量的滾水把麵條汆燙至稍硬的口感。迅速用水沖洗過後，再充分瀝乾水氣。

拉麵

最方便的選擇是生拉麵。煮沸一大鍋水，下鍋前先用手把麵條鬆開。下鍋後，以筷子不時攪拌。煮好後，一定要徹底瀝乾水分。

北非小米（Couscous）

北非小米可直接放進湯裡。

義大利麵（天使細麵、短麵）

不必先汆燙就可下鍋的天使細麵，是最後壓軸少不了的重要角色。短麵和粗一點的長麵條，必須先用加了鹽巴的大量滾水煮熟再用。如果剩下的湯頭不多，改以醬汁裹住麵條的方式享用也不錯。

米粉、河粉

請按照包裝的指示把米粉泡開。河粉迅速汆燙後再放入鍋內。搭配南洋風味和中華口味的鍋類時，這兩樣無異是最佳選擇。

【第二章】

蒸籠變蒸鍋

用蒸籠蒸製而成的料理，美味自不在話下，而且還帶來充滿震撼力的視覺效果。
說也奇怪，光是看它現身在餐桌，就是一幅特殊的光景。
讓食材隱約地吸附了蒸籠的香味，也是趣味所在。
看著裊裊上升的蒸氣，再等一下料理就蒸好囉。

香菇燒賣&中華蔬菜

填塞了餡料的香菇，搭配當作蓋子的燒賣皮。可說極富巧思。
佐以時令的冬季蔬菜，讓人一飽大自然的恩賜。

材料（4人分）

香菇——8小朵

A
- 豬絞肉——200g
- 長蔥（蔥花）——2大匙
- 薑汁——½小匙
- 醬油——1小匙
- 米酒——1小匙
- 鹽．胡椒——各少量
- 麻油——½小匙

燒賣皮——8片
白菜——4片
長蔥——1支
豆苗——1盒
塌菜——1大株

【湯頭】
中華高湯粉——1小匙
米酒——2大匙
水——3杯

【蘸醬】
辣椒醋醬油（作法在p.27）
＊也可以改把辣椒和醬油混在一起。

【收尾】
生拉麵——2球
鹽．醬油——各少量

作法

❶切掉香菇梗。
❷把A放進碗裡，攪拌至出現黏性。
❸把②分成8等分，塡塞進香菇①的菌傘內，再用燒賣皮緊緊壓住。
❹把白菜切成片狀，長蔥切成斜段。拔掉豆苗的根部；摘取塌菜的菜葉，再把菜梗切成4cm長。
❺把湯頭的材料倒進鍋內，加熱煮到滾。把盛裝了白菜、長蔥、③的蒸籠放進鍋內，蓋上鍋蓋。以足夠讓蒸氣冒出的火候蒸15分鐘。接著放入塌菜、豆苗，再蒸一下。
【收尾】把生拉麵氽燙至口感稍硬。在湯裡加入適量鹽、醬油，把拉麵放進去稍煮一下。

雞翅膀&綠色蔬菜

以蒸籠蒸過的雞翅膀，竟是出乎意料的軟嫩多汁。
把集湯頭之精華為一身的擔擔麵當作最後Ending，每一口都是大大的滿足。

材料（4人分）
雞翅膀——8支
青江菜——2支
小松菜——½把
蔥——½把
綠花椰——½個
麻油——1大匙
【湯頭】
中華高湯粉——1小匙
米酒—3大匙
水——3杯
【蘸醬】
中華芝麻蘸醬（作法在p.31）
【收尾】
生拉麵——2球
A
- 豆瓣醬——1匙
- 醬油——2大匙半
- 芝麻醬——2大匙
- 麻油——½大匙

長蔥（細塊末）——4cm

作法
❶把雞翅膀清洗乾淨。
❷摘掉菜葉後，把青江菜的菜梗切成段；小松菜切成4cm長，蔥切成斜段。把綠花椰分成小朵。上述蔬菜先裹上麻油。
❸把湯頭的材料倒進鍋內。把雞翅膀放進蒸籠，再放入鍋內，用可以讓蒸氣冒出的火候蒸20分鐘。接著加進蔬菜，續蒸1～2分鐘。
【收尾】把生拉麵煮得稍微硬一點。鍋內的湯如果蒸發了，加點熱水補足，再倒入A煮到溶解。放入拉麵稍微煮一下，最後撒上長蔥末。

壓軸好料
沒想到最後的壓軸竟然是擔擔麵，真是太棒了！如果湯不夠，先補足熱水，再加調味料。雖然沒有湯汁，擔擔麵還是很吸引人啊。

白菜蒸豬五花肉片

白菜平常總是充當火鍋的最佳綠葉，這次終於有機會挑大樑了。
像花瓣般整齊地排在鍋裡，看起來賞心悅目。

材料（4人分）
白菜——½個
豬五花薄片——300g
薑——1塊
【湯頭】
中華高湯粉——½小匙
米酒——3大匙
水——3杯
【蘸醬】
蔥花鹽味蘸醬（作法在p.26）
【收尾】
白飯——2碗
鹽（喜歡的話）——少量

作法
❶配合蒸籠的高度把白菜切成適合的長度，豬肉切成5cm長，薑切成細絲。
❷以繞圈的方式把白菜豎立在蒸籠裡，再把豬肉片塞入其中。薑絲則隨意灑在上面。
❸把湯頭的材料倒進鍋內，煮至沸騰。把鋪好食材的蒸籠放進鍋內，蓋上鍋蓋。以足夠讓蒸氣冒出的火候蒸10～15分鐘。
【收尾】湯汁如果蒸發了，先補些熱水。再放入白飯，加入適量的鹽煮開。或者把湯淋在溫熱的白飯，加點蔥花鹽味蘸醬，做成湯泡飯。

鯛魚蕪菁鍋

鯛魚搭配蕪菁，是日本春季必嚐的當季美食。
除了常見的酸橘醋，搭配香味高雅的柚子味噌也相當對味。

材料（4人分）
鯛魚——中型1尾
米酒（鯛魚用）——2小匙
鹽（鯛魚用）——½小匙
蕪菁——4顆
香菇——4朵
水菜——1袋
【湯頭】
高湯——3杯
米酒——2大匙
【蘸醬】
手工酸橘醋（作法在p.24）、
柚子味噌（作法在p.28）
【收尾】
年糕——4塊
鹽．醬油——各少量

作法
❶去除鯛魚的魚鱗和內臟，仔細清洗乾淨後，將水分拭乾。在表面劃下切痕，用米酒和鹽醃10分鐘。
❷蕪菁削皮後切成兩半；香菇切掉底部分，切成兩半，水菜切成4cm長。
❸把湯頭的材料倒進鍋內，煮至沸騰。把放進蒸籠的蕪菁、香菇、鯛魚放入鍋內，蓋上鍋蓋。以足夠冒出蒸氣的火候蒸20～25分鐘。蒸好後，加入水菜，再蒸一下。
【收尾】
把年糕烤熟。在湯裡加點鹽和醬油調味，放入年糕稍微煮一下。

螃蟹白蘿蔔白菜鍋

多汁甜美的蟹肉是冬季絕不可錯過的當令美食。
選擇檸檬醬油當作蘸醬，滋味清爽鮮美。

材料（4人分）
螃蟹（帶殼）——400g
白蘿蔔——400g
白菜——4片
長蔥——1支
水菜——1袋
【湯頭】
高湯——3杯
米酒——2大匙
【蘸醬】
檸檬醬油（作法在p.29）
【收尾】
白飯——2碗
蛋——2個
鹽——少量

作法
❶把螃蟹切成容易食用的大小。把白蘿蔔切成片狀，長蔥斜切成段，水菜切成3cm長。
❷把湯頭的材料倒進鍋內，加熱至沸騰。把盛了白菜、白蘿蔔、長蔥和螃蟹的蒸籠放入鍋內，蓋上鍋蓋。用足以讓蒸氣冒出的火候蒸10分鐘。蒸好後，放入水菜，再蒸一下。
【收尾】
加入白飯，撒入適量的鹽煮到滾。最後以繞圈的方式加入打散的蛋，攪拌均勻。

鱈魚蔬菜豆腐鍋

味道圓潤鮮美的鱈魚搭配各種冬季的節令蔬菜。
酸橘醋一定要親自動手做！美味的程度立判高下。

材料（4人分）
生鱈魚——4片
鹽（鱈魚用）——¼小匙
米酒（鱈魚用）——2小匙
白菜——6片
長蔥——1支
香菇——4朵
豆腐——1塊
山茼蒿——1袋
【湯頭】
昆布——5cm×10cm
水——3杯
米酒——3大匙
【蘸醬】
手工酸橘醋（作法在p.24）
【收尾】
白飯——2碗

作法
❶把鱈魚切成一口大小，用鹽和酒醃起來。
❷把白菜切成片狀，長蔥切成2cm長；香菇去掉底部後，對半切成兩半。豆腐切成兩半後，切成1.5cm厚。摘取山茼蒿的菜葉備用。
❸把湯頭的材料倒進鍋內，加熱至沸騰。沸騰後，撈出昆布。把裝了白菜、長蔥、鱈魚、香菇、豆腐的蒸籠放進鍋內，蓋上鍋蓋。以足夠讓蒸氣冒出的火候蒸15分鐘。蒸好後加入山茼蒿，再蒸一下。
【收尾】等鍋裡的湯煮滾，放入白飯煮開。

鍋／花田

橢圓盤／花田

鮭魚&根莖類蔬菜石狩鍋

鮭魚、馬鈴薯、洋蔥…。這些都是石狩鍋的黃金組合。
有了豆漿的加持，讓味噌蘸醬的味道變得更加溫醇順口。

材料（4人分）
生鮭魚——4片
鹽（鮭魚用）——¼小匙
米酒（鮭魚用）——2小匙
紅蘿蔔——½條
馬鈴薯——2個
白蘿蔔——300g
洋蔥——1個
山茼蒿——1袋
【湯頭】
高湯——3杯
【蘸醬】
豆漿味噌蘸醬（作法在p.28）
【收尾】
生拉麵——2球

作法
❶把鮭魚切成一口大小，用鹽和米酒醃起來。
❷把紅蘿蔔和馬鈴薯切成薄薄的圓片，馬鈴薯切片後泡水。白蘿蔔切成較薄的半月形，洋蔥切成1cm厚的半月形。摘下山茼蒿的菜葉備用。
❸把高湯倒進鍋內，煮到沸騰。把裝進馬鈴薯、紅蘿蔔、白蘿蔔、洋蔥和鮭魚的蒸籠放進鍋內，蓋上鍋蓋。以足夠讓蒸氣冒出的火候蒸15分鐘。蒸好後放入山茼蒿，再蒸一下。
【收尾】把麵條煮至口感稍硬的程度。如果湯頭蒸發了，先加點熱水，再把麵條放進去煮一下。

大功告成
掀開鍋蓋的那一瞬間所得到的感動，值得細細品味。把食材放進鍋內時，也請儘可能排得漂亮一點，否則就可惜了豐富的配色。身為主角的鮭魚要放在顯眼的位置，以突顯出它的存在感。

【第三章】

用專用蒸鍋蒸美味

不論是兩段式的不鏽鋼蒸盤，
還是搭配陶製蒸盤的砂鍋，
專用蒸器的威力果然不能小覷。
使用方便，鍋蓋的密合度也無可挑剔。
因為料理出來的成品實在太過美味，
所以喜歡「蒸鍋」魅力的人不在少數，
恨不得能常常來一鍋呢。

蒸餃鍋

除了煎或水煮，蒸也是餃子的料理方式之一。
品嚐香Q有彈性的餃子時，別忘了搭配最對味的韭菜。

材料（4人分）

豬絞肉——200g

A
- 薑汁——½小匙
- 米酒——1小匙
- 醬油——1小匙
- 麻油——2小匙
- 鹽・胡椒——各少量

白菜——3片
鹽（白菜用）——⅕小匙
韭菜（餃子用）——30g
香菇——1大朵
長蔥（蔥花）——3大匙
餃子皮——20大張
高麗菜——6片
韭菜——70g
韭黃——2把

【湯頭】
中華高湯粉——1小匙
米酒——2大匙
水——3杯
＊如果鍋子較大，再多加點水。

【蘸醬】
蒜味醬油（作法在p.29）

【收尾】
米粉——200g

作法

❶把白菜剁成末後，加入鹽巴攪拌使其軟化出水，再把水氣瀝乾。剁碎30g的韭菜；切掉香菇的底部後，切成細末。

❷把絞肉和A放進碗內和勻，再加進長蔥、①的白菜、韭菜、香菇攪拌。

❸把餃子皮的邊緣沾水，再包入分爲20等分的②。邊包邊捏出縐摺。

❹撕碎高麗菜。把韭菜和韭黃切成4cm長。

❺把湯頭的材料倒進鍋內，加熱至沸騰。把高麗菜鋪在蒸盤或蒸器，排上③的餃子後，蓋上鍋蓋。以足夠讓蒸氣冒出的火候蒸15分鐘。蒸好後加入韭菜和韭黃，再稍微蒸一下。

【收尾】按照包裝的指示，把米粉泡開。如果湯量不夠，把份量補到和原來一樣，再放入米粉稍微煮一下。

金目鯛佐長蔥

用高湯蒸好的金目鯛，肉質結實飽滿，充滿誘人的光澤。
清甜的油脂，是喜歡吃魚的人無法抗拒的絕妙滋味。

輪花皿/花田

材料（4人分）
金目鯛——4塊
鹽（金目鯛用）——¼小匙
米酒（金目鯛用）1小匙
長蔥——2支
白菜——4片
牛蒡——½條
金針菇—1袋
豆腐（木棉）——½塊
【湯頭】
高湯——3杯
米酒——¼杯
【蘸醬】
白蘿蔔泥酸橘醋
（作法在p.27）
【收尾】
熟蕎麥麵——2袋

作法
❶把金目鯛切成一口大小，用鹽和酒醃漬。
❷把長蔥切成斜段，白菜切成片狀。牛蒡刨絲後泡水。切掉金針菇的根部，把豆腐切成4等分。
❸把材料倒進鍋內，煮到滾。把裝了②的蔬菜、豆腐、①的金目鯛的蒸器或蒸盤放進鍋內，蓋上鍋蓋。以足夠讓蒸氣冒出的火候蒸15分鐘。
【收尾】用熱水淋在蕎麥麵，使麵條散開。再放進鍋裡稍微煮一下即可。

壓軸好料
蕎麥麵也可換成乾麵條。但需先將乾麵條燙熟後，再放入蒸鍋的湯汁內稍煮一下即可。

蒸豆腐

蒸過以後，木棉豆腐飽吸了昆布的美味精華。
以2種蘸醬搭配簡單的食材，吃起來格外享受。

材料（4人分）
豆腐（木棉）——2塊
長蔥——2支
金針菇——1大袋
山茼蒿——1袋
昆布——5cm×10cm
【湯頭】
高湯——3杯
米酒——2大匙
【蘸醬】
絞肉味噌（作法在p.28）、
手工酸橘醋（作法在p.24）
【收尾】
熟烏龍麵——2球

作法
❶把每塊豆腐切成4塊，長蔥切成斜段；金針菇切除底部後，對半切成兩半。摘取山茼蒿的菜葉，備用。
❷把湯頭的材料倒進鍋內，加熱至沸騰。把略微用水清洗過的昆布鋪在蒸盤或蒸器，放上豆腐、長蔥、金針菇後，放進鍋內，蓋上鍋蓋。以足夠讓蒸氣冒出的火候蒸7～8分鐘。蒸好後加入山茼蒿，再蒸一下。
【收尾】用熱水淋在烏龍麵，使麵條散開。再放進鍋裡稍微煮一下即可。

牡蠣昆布蒸

蒸過以後，會有牡蠣好像大了一號的感覺。
請趁熱享用彈性十足、多汁的牡蠣吧。

材料（4人分）
牡蠣（已處理）——300g
米酒（牡蠣用）——2小匙
白菜——4片
長蔥——2支
白蘿蔔——200g
芹菜——1把
舞茸——1盒
昆布——5cm×10cm2片
【湯頭】
高湯——3杯
【蘸醬】
柚子胡椒酸橘醋（作法在p.25）、
味噌蘸醬（作法在p.28）
【收尾】
白飯——2碗
鹽．醬油——各少量

作法
❶把牡蠣清洗乾淨後，瀝乾水分。用酒醃起來。
❷把白菜切成片狀，長蔥切成斜段，白蘿蔔切成粗絲，芹菜切成3cm長。舞茸分成小束。
❸把湯頭的材料倒進鍋內，加熱至沸騰。把略爲清洗過的昆布鋪在蒸盤或蒸器，再放上芹菜以外的全部食材後，放進鍋內，蓋上鍋蓋。以足夠讓蒸氣冒出的火候蒸15分鐘。蒸好後加入芹菜，再蒸一會。
【收尾】等湯頭煮滾，放入白飯，再以鹽和醬油調味。

蒸涮涮鍋

涮涮鍋的主角理應是肉類，不過以蒸鍋料理的話，蔬菜的份量也毫不遜色。
記得配合季節，選擇當令的美味蔬菜喔。

材料（4人分）
涮涮鍋用牛肉片——400g
長蔥——2支
水菜——1袋
紅蘿蔔——1條
白菜——4片
鴻喜菇——1盒
【湯頭】
高湯——3杯
米酒——¼杯
薑片（薄片）——1塊
【蘸醬】
中華芝麻蘸醬（作法在p.31）
【收尾】
生拉麵——2球

作法
❶把牛肉片切成容易食用的大小，長蔥斜切成段，水菜切成4cm長。紅蘿蔔用削皮刀削成薄片，白菜切成粗絲；鴻喜菇切除底座後，分成小束。
❷把湯頭的材料倒進鍋內，煮到滾。把裝了所有食材的蒸器或蒸盤放進鍋內，蓋上鍋蓋。以足夠讓蒸氣冒出的火候蒸7～8分鐘。
【收尾】把拉麵煮得稍硬些，再放進湯裡煮一下。

長角皿／花田

材料（4人分）
鮭魚（生魚片）——300g
豆腐（木棉）——2塊
高麗菜——4片
長蔥——2支
豆芽菜——1袋
金針菇——1袋
芹菜——1把
【湯頭】
中華高湯粉——¼小匙
薑片（薄片）——1塊
米酒——¼杯
水——3杯
＊如果鍋子較大，再多加點水。
【蘸醬】
南洋風花生蘸醬（作法在p.29）
【收尾】
白飯——2碗
鹽．醬油——各少量

作法
❶把鮭魚片成薄片，豆腐切成1cm厚。把高麗菜切成大塊，長蔥切成斜段。拔掉豆芽菜的鬚根，切掉金針菇的底部，把芹菜切成4cm長。
❷把湯頭的材料倒進鍋內，煮到沸騰。把高麗菜鋪在蒸盤或蒸器，交錯排上鮭魚和豆腐，再放入長蔥、豆芽菜、金針菇。把蒸盤放進鍋內，蓋上鍋蓋。以足夠讓蒸氣冒出的火候蒸15分鐘。蒸好後加入芹菜，再蒸一下。
【收尾】把湯頭煮開後，放入白飯，以鹽和醬油調味。

鮭魚豆腐蒸

擺盤的時候只要多花點心思，即使是常見的食材，看起來也能耳目一新。
不論搭配南洋風蘸醬或和風蘸醬都很對味。

烏龍茶蒸雞肉&鮮蝦

淡淡的茶香，讓料理顯得更加迷人。
選擇富含中國情調的茶粥，為這餐劃下完美的句點。

材料（4人分）
雞腿肉——2片
鹽（雞肉用）——¼小匙
米酒（雞肉用）——1大匙
蝦子——4大尾
米酒（蝦子用）——1小匙
青江菜——2支
竹筍——1小個
長蔥——1支
豆芽菜——1袋
白色鴻喜菇——1袋
【湯頭】
烏龍茶葉——3大匙
熱水——3杯
米酒——2大匙
【蘸醬】
中華酸橘醋（作法在p.24）、
山椒鹽（作法在p.26）
【收尾】
白飯——2碗
鹽（喜歡的話）——少量

作法
❶把雞肉切成一口大小，用鹽和酒醃漬起來。
❷用剪刀剪開蝦子背部的殼，挑出腸泥，再用米酒醃起來。
❸拔掉青江菜的菜葉，把菜梗斜切成段；竹筍切成梳子形，長蔥斜切成段。拔掉豆芽菜的鬚根。切除白鴻喜菇的底部後，分成小束。
❹以紗布包住茶葉，再用細綿繩綁起來。
❺把湯頭的材料倒進鍋內，加熱至沸騰。把雞肉①裝進蒸籠或蒸盤，放進鍋內後，蓋上鍋蓋。以足夠讓蒸氣冒出的火候蒸10分鐘。蒸好後加入青江菜，再蒸一下。
【收尾】取出湯裡的烏龍茶包；如果湯蒸發了，再加點水。加入白飯，撒點鹽煮開。

壓軸好料
以烏龍茶煮出來的茶粥濃縮了食材的菁華，滋味鮮醇。浮在上面的浮沫記得要撈乾淨。煮好後，請趁熱享用。

【第四章】先裹上香濃醬料的蒸煮鍋

先以醬料包覆食材，蒸煮出來的滋味格外濃郁。
從食材釋出的甜美汁液，最後和醬料融為一體。
各種鍋具都可以運用，
例如北非無水烹飪鍋、
壽喜燒專用的鐵鍋、平底鍋等。
就算只留下少許湯頭，
也請不要放棄最後的收尾壓軸。

咖哩蒸煮鍋

加點優格或椰汁粉，可以增添咖哩的風味。
食材切得大塊一點，吃起來也更過癮。

材料（4人分）

雞腿肉——2片

A
- 鹽——½小匙
- 胡椒——少量
- 咖哩粉——½小匙

馬鈴薯——2個
洋蔥——1個
紅蘿蔔——⅓條
青椒——4個
花椰菜——½個
大蒜・薑——各1塊
沙拉油——1大匙

B
- 咖哩粉——1大匙
- 蕃茄醬——1大匙
- 原味優格——½杯
- 小茴香粉・香菜粉——各¼小匙
- 印度綜合香料（Garam Masala）——1小匙
- 丁香——2支
- 月桂葉——1片
- 椰漿粉——1大匙
- 鹽——約1小匙

作法

❶把雞肉切成一口大小，和A攪拌均勻。
❷把馬鈴薯和洋蔥切成梳子形，紅蘿蔔隨意切成大塊。青椒對半縱切開來，去籽；花椰菜分切成小朵。
❸把大蒜和薑切成末。
❹以鍋子熱好沙拉油，放入蒜末和薑末爆香，再加進雞肉①和蔬菜②攪拌。接著加入B拌勻，蓋上鍋蓋。以大火煮到滾後，轉爲小火蒸煮20分鐘左右。

法式馬賽魚湯蒸煮鍋

看似濃郁，品嚐起來卻是爽口鮮美的一道鍋品。
大手筆地加入番紅花，除了讓料理顯得更加誘人，也有促進食慾的效果喔。

材料（4人分）

生鱈魚——3片
鹽．胡椒（鱈魚用）——少量
蝦子——8尾
花枝——2隻
蛤蠣——8顆
馬鈴薯——2個
西洋芹——1支
紅椒——1個
洋蔥——¼個
大蒜——1瓣
橄欖油——2大匙

A
- 番紅花——2撮
- 熱水（番紅花用）½杯
- 白酒——3大匙
- 蕃茄泥——2大匙
- 月桂葉——1片
- 百里香——少量
- 鹽——½小匙
- 胡椒——少量

作法

❶把番紅花浸泡在熱水裡，使顏色釋放出來。
❷把鱈魚切成一口大小，用鹽和胡椒醃起來。剪開蝦殼，挑出腸泥。剝下花枝的皮，把身體切成圓片，腳切成容易食用的大小。把蛤蠣的外殼清洗乾淨。
❸把馬鈴薯切成圓片；西洋芹去筋後，和甜椒同樣任意切成塊。
❹把洋蔥和大蒜切成末。
❺在鍋裡倒進橄欖油，放入④的洋蔥和大蒜，爆香。炒出香味後，加入蔬菜③和魚貝類②拌炒。接著放進A攪拌均勻，蓋上鍋蓋。以大火加熱，沸騰後轉小火續蒸15分鐘。

湯頭的製作

洋蔥和大蒜以小火慢炒以後，能讓湯頭變得更加美味，增添味道的層次。必須注意的是，如果在橄欖油還很燙的時候放入洋蔥和大蒜，兩者在釋放出美味前就已經燒焦了。

蕃茄蒸煮鍋

這道鍋品除了新鮮的蕃茄，也加了蕃茄果泥和蕃茄乾。
在蕃茄的提引下，口味平淡的肉類和蔬菜也變得豐富鮮明。

材料（4人分）

棒棒腿——8隻
A
- 鹽——¼小匙
- 胡椒——少量

馬鈴薯——2個
洋蔥——1個
杏鮑菇——1盒
大蒜——1瓣
迷你蕃茄——8個
蕃茄乾——4個
B
- 蕃茄泥——½杯
- 白酒——1大匙
- 鹽——½小匙
- 胡椒——少量

橄欖油——2大匙
羅勒或九層塔（生）——1支

作法

❶用A醃漬棒棒腿。
❷把馬鈴薯和洋蔥切成梳子形；杏鮑菇的梗切成圓片，菌傘的部分切成4等分。大蒜切末，迷你蕃茄去蒂。
❸用溫水浸泡蕃茄乾約5分鐘，軟化後切成碎塊。
❹把棒棒腿①、蔬菜②、蕃茄乾③倒進鍋內，加入B攪拌均勻。淋上橄欖油，放上羅勒葉，再蓋上鍋蓋。以大火加熱，沸騰後轉小火再蒸煮20分鐘。

義式鯷魚熱蘸醬蒸煮鍋

一般當作蘸醬的鯷魚醬，其實也可以當作調味料使用。
義式料理也難不倒蒸鍋，喜歡重口味的人，不妨試試。

材料（4人分）

高麗菜——4片
蕪菁——2個
馬鈴薯——1大個
紅椒——1個
蓮藕——½節
綠花椰——½個
水——¼杯
鯷魚片——4片
大蒜——2瓣
橄欖油——4大匙
鹽——⅕小匙
胡椒——少量

作法

❶用保鮮膜包住連皮的大蒜，放進微波爐（600W）加熱1分鐘。剝掉皮，搗碎。
❷把剝碎的鯷魚混入大蒜、橄欖油、鹽、胡椒，攪拌均勻。
❸把高麗菜切成大塊，蕪菁切成梳子形。馬鈴薯切成長條狀後，泡水。把紅椒切成粗絲，蓮藕切成半月形。綠花椰分成小朵。
❹把高麗菜、蕪菁、馬鈴薯、蓮藕、水倒進鍋內，蓋上鍋蓋。以大火加熱，沸騰後轉小火，再蒸煮10分鐘。接著放入紅椒、綠花椰、醬汁②攪拌均勻，續蒸3～4分鐘。

摩洛哥式蒸煮鍋

匯集了多種特殊的素材和香料，讓料理瀰漫著一股異國風情。
剩下的湯頭，搭配北非小米可說再適合不過了。

材料（4人分）
羊小排——8支
鹽（羊排用）——½小匙
胡椒（羊排用）——少量
茄子——2個
櫛瓜——1條
黃椒——1個
西洋芹——1支
洋蔥——1個
蕃茄——1個
秋葵——4支
大蒜——1瓣
月桂葉——1片
小茴香粉——⅕小匙
A
- 蕃茄泥——½杯
- 辣椒——2支
- 雞湯塊——1塊
- 咖哩粉——⅕小匙
- 橄欖油——2大匙
- 水——⅓杯
- 鹽——1小匙

【收尾】
北非小米——150g
鹽．胡椒——各少量
水（補足湯量）——1杯半
橄欖油——1大匙

作法
❶用鹽和胡椒醃漬羊小排。
❷茄子縱向間隔削皮，任意切成塊。櫛瓜和甜椒也任意切成大塊；西洋芹去筋後，隨意切成塊。把洋蔥和蕃茄切成梳子形。秋葵去蒂後，用鹽搓洗乾淨。把大蒜切成兩半。
❸把羊排①、蔬菜②、月桂葉、小茴香粉和A倒進鍋內攪拌，蓋上鍋蓋。以大火加熱，沸騰後轉小火，再蒸煮20分鐘。
【收尾】如果剩下的湯汁不多，加入約1杯半的水補足，煮滾。放入北非小米，以鹽、胡椒和橄欖油調味。蓋上鍋蓋後關火，燜10分鐘左右。

壓軸好料
在湯裡加入北非小米當作壓軸，應該是很新鮮的體驗。因為是蒸煮鍋，所以剩下的湯汁比較少；不過，煮好的北非小米反而比較濃郁，這也是魅力之一吧。

四川辣味蒸煮鍋

調味料和花椒的味道強烈，屬於辣味較重的料理。
味道香醇甘美，餘韻悠長，讓人吃了還想再吃。

材料（4人分）

薄切豬肉——300g
長蔥——2支
蒜苗——1把
竹筍——1小個
白菜——4片
香菇——4朵
豆芽菜——1袋
青椒——4個
豆腐——1塊

A
- 醬油——4大匙
- 醋——1大匙
- 甜麵醬——1大匙半
- 豆瓣醬——1小匙
- 長蔥（蔥花）——¼支
- 大蒜（切末）——1瓣
- 薑（切末）——½塊
- 辣椒（切圓片）——½支
- 花椒——⅓小匙
- 麻油——2大匙
- 米酒．水——各2大匙

作法

❶把豬肉切成一口大小。
❷把長蔥切成斜段，蒜苗切成3cm長，竹筍切成梳子形，白菜切成稍大的片狀。香菇去掉底部後，切成兩半。摘掉豆芽菜的鬚根；把青椒對半縱切開來，去籽。
❸先把豆腐對半切成兩塊，再切成2cm寬。
❹把豬肉①、蔬菜②、A放進鍋內攪拌。加入豆腐後，蓋上鍋蓋。以大火加熱至沸騰後，轉小火繼續蒸煮20分鐘。

單手鍋／花田

韓式烤肉蒸煮鍋

韓式鍋的優點是能攝取到大量蔬菜。
湯頭飽含蔬菜釋出的自然甜味，滋味比想像中溫醇順口。

材料（4人分）

牛肉薄片——400g

A
- 醬油——½大匙
- 砂糖——¼大匙
- 麻油——1小匙

長蔥——2支
紅蘿蔔——½條
韭菜——2把
芹菜——1把
黃豆芽——1袋
杏鮑菇——1盒

B
- 長蔥（蔥花）——2大匙
- 大蒜（切末）——1瓣
- 醬油——4大匙
- 砂糖——1大匙
- 韓國辣醬——1大匙
- 辣椒粉——⅛小匙
- 磨碎的芝麻——2大匙
- 麻油——1大匙
- 米酒、水——各3大匙

炒芝麻——½小匙

作法

❶把牛肉切成一口大小，和A攪拌均勻。

❷把長蔥切成斜段，紅蘿蔔切成片狀，韭菜和芹菜切成4cm長。拔掉黃豆芽的鬚根。把杏鮑菇的梗切成圓片，菌傘切成薄片。

❸把牛肉①、芹菜以外的蔬菜②和B倒進鍋內攪拌均勻，蓋上鍋蓋。以大火加熱，沸騰後轉爲小火，再蒸5分鐘。蒸好後放入芹菜，再蒸一下子。最後撒上芝麻即可。

岩崎啓子　Iwasaki Keiko
料理研究家・營養師

在成爲料理研究家前，曾經擔任料理專家的助理。活躍的範圍很廣，包括雜誌、書籍、料理教室等；特色是沒有日式・西式・中式・南洋料理等種類的限制，爲大家提供做法簡單、美味，而且有益健康的家庭料理。以日式料理爲基礎，清爽卻充滿層次的滋味，廣受好評，不分男女老幼。

著作包括「一個電鍋就搞定！快速Cooking」「豆腐大全」「寒天瘦身　美味食譜62」（日本河出書房新社）、「好吃又會瘦的食譜105」（日本永岡書店）、「令人注目！新蔬菜的便利吃法」（日本青春出版）；料理製作方面包括「飲食美人的食譜」（日本成美堂出版）、「掌握維生素&礦物質Book」（日本永岡書店）。近期著作有「冷凍保存節約食譜」（日本文藝社）等。

國家圖書館出版品預行編目（CIP）資料

多蔬・少油 蒸鍋 / 岩崎啓子 著；藍嘉楹翻譯
-- 初版.-- 臺北市 ： 笛藤，2010.12
面 ； 公分
ISBN 978-957-710-565-3（平裝）
1.食譜 2.調味品
427.1　　99023960

"MUSHI-NABE RECIPE" by Keiko Iwasaki
Copyright © 2009 Keiko Iwasaki All rights reserved.
Original Japanese edition published by
Kawade Shobo Shinsha, Publishers.
This Complex Chinese edition is published by
arrangement with Kawade Shobo Shinsha,
Publishers, Tokyo in care of Tuttle-Mori Agency, Inc., Tokyo
through Bardon-Chinese Media Agency, Taipei.

餐具提供

暮らしのうつわ 花田
東京都千代田區九段南 2-2-5
tel.03-3262-0669 fax.03-3264-6544

桌布提供（p.7,10,12-53,58-63）

布地のお店　Sol pano ソールパーノ
大阪市中央區瓦町 2-4-11
tel.06-6233-1329 fax.06-6233-1339
https://www.solpano.com
mail info@solpano.com

多蔬・少油 **蒸鍋**　　定價 200 元

2010年12月15日 初版第1刷
著　　者：岩崎啓子
攝　　影：原務
翻　　譯：藍嘉楹
編　　輯：賴巧凌
封面・內頁排版：果實文化設計
發 行 所：笛藤出版圖書有限公司
發 行 人：鍾東明
地　　址：臺北市民生東路二段147巷5弄13號
電　　話：(02)2503-7628・(02)2505-7457
傳　　真：(02)2502-2090
總 經 銷：聯合發行股份有限公司
地　　址：臺北縣新店市寶橋路235巷6弄6號2樓
電　　話：(02)2917-8022・(02)2917-8042
製 版 廠：造極彩色印刷製版股份有限公司
地　　址：臺北縣中和市中山路2段340巷36號
電　　話：(02)2240-0333・(02)2248-3904

訂書郵撥帳戶：笛藤出版圖書有限公司
訂書郵撥帳號：0576089-8

●本書經合法授權，請勿翻印●
（本書裝訂如有漏印、缺頁、破損，請寄回更換。）